ACADÉMIE DES SCIENCES.

CANDIDATURE

POUR

LA CHAIRE D'HISTOIRE NATURELLE

DU COLLÉGE DE FRANCE.

M. Constant Prevost.

Paris, 21 août 1832.

*A Messieurs les membres de la commission de l'Aca-
démie des Sciences, chargée d'examiner les titres des
Candidats pour la chaire d'Histoire naturelle générale et particulière du Collége de France.*

MESSIEURS,

Encouragé par mes amis et par M. de Blainville lui-
même, à me mettre sur les rangs pour la chaire vacante
au collége de France, par suite du décès de M. Cuvier,
je me décide à rechercher vos honorables suffrages et ceux
de l'Académie, et à me porter candidat, soit que, suivant
l'esprit de sa fondation, la chaire conserve son titre de
chaire d'histoire naturelle, générale et particulière, soit
qu'elle devienne chaire spéciale de géologie.

Dans le premier cas, j'espère que presque tous les

membres de la commission pourront accueillir mes prétentions; et, pour remonter au plus loin, MM. Brongniart et Duméril se rappelleront que c'est sous eux et sous M. Cuvier que je suis entré dans la carrière, en suivant leurs cours aux écoles centrales, où, pendant plusieurs années, j'ai obtenu *les premiers prix*.

Il n'y a pas moins de *vingt-neuf ans* de cela, et depuis je n'ai cessé de suivre le chemin qu'ils m'avaient tracé ; après m'être préparé d'abord à entrer à l'École polytechnique sous l'un de ses plus habiles répétiteurs, M. Dunoyers, je pris en 1811 *mes grades à la Faculté des Lettres* et à la *Faculté des Sciences* de Paris.

Pendant quatre années je me livrai à l'étude de *la médecine*, et pendant ce temps, et long-temps après, je me suis particulièrement appliqué, avec M. de Blainville et dans les laboratoires de M. Cuvier, *à l'anatomie humaine, à l'anatomie comparée* et *à la physiologie générale*.

Par l'extrême obligeance de M. Geoffroy Saint-Hilaire, j'ai pu voir, toucher, décrire les uns après les autres, les *nombreux mammifères* de la collection du Muséum.

J'ai entrepris *sur les poissons* de la France un travail étendu : sans une maladie grave qui seule m'en a empêché, j'aurais continué à me charger de l'histoire de ces animaux pour la *Faune française*.

J'ai, avec M. de Blainville, rassemblé beaucoup de matériaux pour une monographie des *squales* et des *raies*; à cette occasion j'ai décrit et dessiné presque toutes les espèces de sélaques qui existaient, non seulement dans les collections de Paris, mais encore dans celles de Berlin, de Dresde, de Vienne, de Munich, de Londres et de beaucoup d'autres villes, dont j'ai aussi consulté les bibliothèques : M. de Blainville a publié le prodrome de ce travail *en mon nom* et au sien, dans le bulletin de la Société philomatique.

M. Brongniart sait qu'à une époque (trop éloignée déjà) où ses élèves trouvaient autant de plaisir que d'avantages scientifiques à se réunir dans sa collection pour s'occuper de l'arrangement et du classement des différentes parties qui la composaient, je fus long-temps chargé de *l'histoire des oiseaux*, et plus tard de celle des *mollusques* et des *minéraux*.

Je possède les précieuses notes qu'avec assiduité j'ai prises aux cours faits par M. Cuvier au collége de France depuis 1812, soit sur *l'histoire philosophique des Sciences naturelles*, soit sur les *animaux fossiles*.

Je pourrais invoquer les témoignages de MM. Desfontaines et de Jussieu, sous lesquels j'ai étudié les *végétaux* et plus particulièrement leur *organisation comparée*, pour prouver que je ne suis resté étranger à aucune des branches de l'histoire naturelle.

MM. Gay-Lussac, Biot, Thenard, qui ont eu beaucoup de bontés pour moi lorsque je suivais leurs cours, savent que je n'ai pas négligé l'étude de la physique et de la chimie.

S'il était question d'une chaire spéciale de *Géologie et de Minéralogie*, je ne renoncerais pas à opposer mes titres à ceux des concurrens qui pourraient se présenter : premièrement, je ferais observer que depuis 1821 j'ai *professé la Géologie générale* à l'Athénée de Paris; que j'ai rédigé et fait un cours de *Minéralogie et de Géologie* à l'École centrale des arts et manufactures, à laquelle j'ai cessé d'appartenir depuis que je suis entré à la Faculté; et j'ajouterais que, dès 1822, j'eus l'honneur d'être présenté comme candidat par les professeurs de cette Faculté, avec MM. Beudant et de Bonnard, lorsqu'il s'agit de remplacer M. Brongniart, démissionnaire; que la même année je fus également présenté par la section de minéralogie de l'Académie, lors du remplacement de M. Haüy.

Lorsqu'en 1830 je demandai au ministre de l'intérieur, avec le consentement et l'appui de M. Cuvier, l'érection d'une chaire de *Géologie et de Minéralogie au collège de France*, je fus porté à croire, par l'accueil que voulurent bien me faire alors MM. les professeurs de cet établissement, que mes démarches n'auraient pas été infructueuses sans l'augmentation de dépense qu'exigeait cette création; car, je dois le dire, c'est pour me dédommager de ce non succès que M. Cuvier voulut bien m'offrir lui-même d'employer son ascendant dans l'Université, pour me faire entrer à la Faculté des Sciences comme professeur *adjoint*, et en me donnant l'espérance que, ce premier pas fait, la géologie pourrait être élevée dans l'instruction publique au même rang que les autres sciences, et qu'alors j'aurais le droit de prétendre aux avantages dont jouissent les professeurs en titre.

Je pourrais peut-être encore rappeler qu'après avoir contribué, comme MM. Cuvier et Brongniart le reconnaissent dans la préface de leur premier mémoire sur la géographie minéralogique des environs de Paris, à récolter quelques uns des faits qu'ils ont si habilement employés, j'ai commencé, dès 1809, à concevoir des doutes sur la réalité de quelques unes des conséquences que l'on déduisait de leurs beaux travaux; que dès lors, j'ai étudié dans l'intention de m'éclairer, et que, convaincu enfin par des observations répétées, je n'ai plus cessé de combattre avec persévérance et convenance des idées qui me semblaient pouvoir être aussi dangereuses pour l'avenir de la science que les bases sur lesquelles elles reposaient étaient faites pour fonder sa prospérité.

En effet, dans mes cours, dans mes écrits et dans mes relations verbales, je me suis opposé autant qu'il était en mon pouvoir à cette hypothèse décourageante, qui ne me parut pas fondée sur les faits, savoir : *Le fil des opérations est rompu ; la marche de la nature est changée et aucun des agens qu'elle emploie aujourd'hui ne lui aurait suffi pour produire ses anciens ouvrages* (Cuvier, discours préliminaire, pag. 28, in-8°). Et encore : « *C'est* » *en vain que l'on cherche dans les forces qui agissent* » *maintenant à la surface de la terre, des causes suffi-* » *santes pour produire les révolutions et les catastrophes* » *dont son enveloppe nous montre les traces* (Cuvier, *idem*, pag. 41).

Si je rapporte ces circonstances particulières, ce n'est certes ni pour en tirer vanité, ni pour réclamer la priorité d'idées nouvelles ; car, presque toujours, je me suis contenté de proposer le doute à la place d'assertions selon moi contestables ; mais c'est que mon but et l'intérêt de la position dans laquelle je me place vis-à-vis de juges aussi éclairés qu'impartiaux, exigent que je fasse tous mes efforts pour leur démontrer que, redoutant pour les progrès des sciences le danger de l'enthousiasme pour les hypothèses séduisantes, j'ai toujours été disposé à discuter froidement la valeur des faits, et à n'admettre aveuglément aucune des conséquences que l'on pouvait en tirer, quelle que fût d'ailleurs l'autorité des savans qui les proposaient, le respect que je portais à leur personne et l'affection qui m'attachait à eux.

C'est le même sentiment qui m'a empêché d'admettre les résultats principaux proclamés par l'auteur des *Reliquiæ diluvianæ*; c'est ce sentiment qui aujourd'hui encore me détermine, après que j'ai vu et étudié les volcans et les montagnes, à engager une lutte, inégale sans doute, pour repousser, s'il m'est possible, une théorie, à mon avis spécieuse, qui me semble menacer d'arrêter la géologie dans sa marche en même temps positive et philosophique.

Je n'ai pas seulement consacré à la culture des sciences naturelles vingt-cinq années de mon existence, mais j'ai employé au même but une partie de ma fortune; c'est à mes frais que j'ai parcouru toute *la France, l'Allemagne et l'Angleterre*; et si dans le cours de ces voyages j'ai formé des collections instructives, au lieu de m'en réserver le monopole, je les ai livrées à tous ceux qui voudraient en profiter, en les déposant dans les musées publics : c'est ainsi que le Muséum d'Histoire naturelle possède une suite des formations du bassin de Vienne en Autriche ; la série des terrains des côtes de la Manche, depuis Calais jusqu'à Cherbourg et Granville ; une pareille série des côtes de l'Angleterre depuis la Tamise jusqu'au cap de Cornouailles.

C'est dirigé par le même esprit d'intérêt général que j'ai pensé à *fonder* en France une *Société géologique libre*, et que j'ai proposé ses premiers réglemens, qui depuis ont été adoptés.

On pourra croire, je l'espère, que c'est mon amour

sincère pour la science à laquelle je me suis voué sans réserve, et mon désir d'apprendre encore, qui m'ont fait saisir avec empressement l'occasion d'entreprendre un voyage lointain, qui n'était pas sans quelques dangers, et qui du moins devait m'imposer de pénibles sacrifices qu'apprécieront les personnes qui me connaissent, et qui savent combien je trouve de bonheur dans la retraite et au sein de ma famille, qui est la seule source légitime de mon ambition.

Je joins à cette lettre 1° une note de mes titres, présentée, il y a quelques années, à l'Académie des sciences lors de ma candidature;

2° Un exemplaire de ma dissertation sur les *submersions itératives des continens actuels*; et pour ne pas abuser des momens de la commission, j'indiquerai les notes qui ont été ajoutées depuis sa lecture à l'Académie, et particulièrement celles 5, 9, 10, 19, 25 et 26;

3° Le premier n° du bulletin de la *Société géologique* de France, dans lequel se trouve, page 19, un extrait concis de mes opinions relativement à une question très importante pour le langage géologique;

4° Un volume in-4° des notes de mon cours de minéralogie et de géologie fait à l'École centrale des arts et manufactures;

5° Un autre volume contenant quelques discours et résumés de mes différens cours à l'Athénée, de 1821 à 1829, parmi lesquels je prends la liberté de recommander à mes juges le résumé du cours de 1828, comme contenant le plan de ce cours et l'exposition du but philosophique que j'ai cherché à atteindre.

Peut-être M. Cordier et M. Brongniart trouveront-ils dans les rapports, lettres et mémoires que j'ai adressés soit à l'Académie, soit particulièrement à chacun d'eux pendant mon dernier voyage, et dans l'examen de plus de six mille échantillons et objets que j'ai rapportés pour le Muséum, les moyens d'ajouter quelques nouveaux titres à ceux que je vais énoncer.

Peut-être la lecture de mon rapport général, commencé dans la dernière séance de l'Académie, et les dessins et documens que j'ai mis sous les yeux de ses membres, les disposeront-ils à accueillir ma présentation avec bienveillance et avec quelque intérêt, s'ils jugent que j'aie rempli d'une manière satisfaisante la mission qui m'était confiée.

Veuillez agréer, messieurs, l'assurance de mon respect et de ma considération.

Constant Prevost.

ACADÉMIE DES SCIENCES.

NOTES

RELATIVES A LA CANDIDATURE

POUR

LA CHAIRE D'HISTOIRE NATURELLE

AU COLLÉGE DE FRANCE.

M. Constant Prevost, ancien Professeur de géologie à l'Athénée royal (de 1821 à 1829), Professeur *adjoint* à la Faculté des Sciences de Paris, membre de la Société philomatique et de la Société d'histoire naturelle de Paris , Vice-Président pour l'année 1831 de la Société géologique de France, correspondant de la Société géologique de Londres, de la Société philosophique de l'Université de Cambridge, de l'Académie gioenienne des Sciences naturelles de Catane, de l'Académie des Sciences de Naples , de la Société linnéenne du Calvados, de la Société d'Agriculture du département de Seine-et-Marne ; porté Candidat pour la section de Minéralogie et de Géologie de l'Académie des Sciences en juillet 1822, décembre 1824 , et juillet 1827.

MÉMOIRES PUBLIÉS.

Sur des empreintes de corps marins trouvées

dans les couches inférieures de la formation gypseuse. (1809 *Journal des Mines.*)

Travail publié en commun avec M. Desmarest, correspondant de l'Académie , et dont le résultat utile a été d'introduire dans la science un fait non contesté depuis 18 ans, et qui a conduit à de nouvelles recherches sur le mode de formation du gypse à ossemens.

Sur des formes régulières que prend une marne de Montmartre. (1809. *Journal des Mines.*)

Également en commun avec M. Desmarest. Certains blocs de marne, d'une couche particulière de la formation gypseuse, se divisent en six pyramides à base quadrangulaire, dont les faces sont striées parallèlement à la base et dont les sommets convergent. Cette disposition n'a rien de commun avec la cristallisation des substances minérales, mais elle paraît être l'effet d'une sorte de retrait.

Monographie des raies et des squales. (1816. *Bulletin de la Société philomatique et Journal de Physiq.*)

Entreprise de concert avec M. de Blainville et dans le but d'arriver à la détermination précise des dents fossiles des poissons de la famille des sélaques, que l'on rencontre dans le sein de la terre. Pour ce travail presque tous les cabinets et les Bibliothèques de l'Europe ont été consultés.

Constitution physique et géognostique du bassin à l'ouverture duquel est située la ville de Vienne en Autriche. (1820. *Académie des sciences. Journal de Physique.*)

Ce mémoire présente le résumé de recherches suivies pendant plus de deux années de séjour en Allemagne. Lu devant l'Académie des sciences, il a été honoré d'un rapport favorable, et il doit être inséré dans la Collection des savans étrangers.

La plupart des rapprochemens géologiques, proposés dans ce mémoire, se sont trouvés d'accord avec les observations faites en même temps en Hongrie par M. Beudant, et en Italie par M. Brongniart.

On y démontre la nécessité de reconnaître plusieurs étages distincts dans les terrains tertiaires ; et non seulement ceux des environs de Vienne sont indiqués comme plus récens que le calcaire grossier parisien, mais encore ceux des collines subappennines du midi de la France, de Bordeaux, de la Touraine et du nord de l'Angleterre (Crag); résultats qui ont été confirmés et développés depuis par beaucoup de géologues.

Sur des fossiles d'eau douce observés à Bagneux. (*Journal de Physiq.*)

La détermination de ces fossiles, leur gisement et leur réunion à des fossiles marins.

Description de deux espèces nouvelles de paludines fossiles.

Sur les grès coquilliers de Beauchamp et de Triel. (*Journal de Physiq.*)

Il restait quelques doutes sur la position géognostique des

grès de Beauchamp dans lesquels M. Beudant avait rencontré un mélange de fossiles marins et de fossiles d'eau douce ; il importait non seulement de lever ces doutes par des observations directes, mais de faire voir encore par de nombreux exemples, pris à Sergy, à Osny, à Triel, que le mélange de coquilles marines et de coquilles d'eau douce est plus fréquent qu'on ne l'avait pensé d'abord, et que par conséquent la distinction des formations marines et des formations d'eau douce ne saurait indiquer des changemens alternatifs dans la nature des eaux. — Vaugirard, Montmarte et Nanterre ont fourni des exemples analogues.

De l'importance, pour la géologie, de l'étude des corps organisés vivans. (1822. *Mémoires de la Société d'histoire naturelle de Paris.*)

Il ne suffit pas pour le géologue de comparer les formes des espèces de corps organisés que renferment les couches de la terre avec celles des espèces vivantes, il doit connaître les mœurs et les habitudes de celles-ci afin de pouvoir tirer des conséquences géologiques plus justes de la présence, de l'association et de la manière d'être de certains fossiles dans les divers terrains ; pour être géologue il faut être d'abord naturaliste.

A l'appui de ces considérations on fait connaître une nouvelle espèce de melanopside qui vit en communauté avec une néritine dans les eaux thermales de Weslau, en Autriche, et l'on fait remarquer que la même association de melanopsides et de néritines déjà observée, par Olivier, en Styrie, et par M. de Ferrussac, en Espagne, se voit aussi parmi les coquilles fossiles des mêmes genres dans plusieurs localités en France et en Angleterre.

Cette note était l'extrait d'un long mémoire qui a été lu à

l'Académie des sciences, en 1827, et qui n'a pas été imprimé.

***

Sur la composition géologique des falaises de la Normandie. (*Académie des Sciences.* Décembre 1821. Janvier 1822).

Mémoire composé à la suite de trois voyages entrepris dans la vue d'étudier spécialement les rapports géognostiques et les caractères minéralogiques et zoologiques des diverses formations du grand bassin central de la France, pour les comparer à celles correspondantes des côtes de l'Angleterre : plus de 75 dépôts ont été distingués depuis les terrains supérieurs à la craie jusqu'au granit inclusivement; plusieurs coupes et des tableaux font connaître les divers points de la côte entre Calais et Cherbourg , où chacun de ces dépôts peut être observé.

Soumis au jugement de l'Académie , ce mémoire a été honoré de son approbation , et il doit être inséré dans la Collection des savans étrangers. Le rapport fait à cette occasion par M. Brongniart a été publié dans les Annales des sciences naturelles , et M. de Humboldt, dans son Essai sur le gisement des roches , page 285 , a bien voulu citer et analyser les résultats présentés par l'auteur.

Ce travail , qui traitait un sujet neuf au moment où il a été lu à l'Académie, et communiqué à presque tous les géologues qui se trouvaient à Paris , n'a pas été imprimé parce qu'il était accompagné d'un grand nombre de planches, et que les Mémoires de MM. de La Bèche, Desnoyers, Hérault et de Caumont, ont paru à l'auteur remplir la lacune qui existait.

***

Note sur une tête de poisson fossile des couches argileuses des Vaches-Noires. (1825. *Société philomatique.*)

On fait voir que le poisson auquel elle a appartenu se rapporte à l'*Elops macropterus* (de Bl.), dont le Muséum possède un bel échantillon, trouvé à Grammont, en Bourgogne, dans un terrain analogue à celui des côtes de Dives.

Note sur la formation actuelle de roches très dures. (*Société philomatique.*)

Et description d'une brêche qui constitue en partie les rochers de Lyon sur la côte du Calvados, laquelle enveloppe des *mytilus*, des *cardium* et des *turbo*, qui ne diffèrent pas des espèces actuellement vivantes dans le même lieu.

Observations sur le gisement du Mégalosaure fossile. (1825. *Société philomatique.*)

Comparaison entre les couches de Stonesfield et celles de Tilgaët qui renferment les ossemens du Mégalosaure.

Sur le gisement des ossemens fossiles d'Ichthyosaures et de Plésiosaures dans le lias de Lyme-Regis. (*Société philomatique.*)

Description de la côte de Lyme-Regis, en Dorsetshire; comparaison des dépôts argileux du lias avec ceux de l'argile de Dives et ceux de l'argile de Honfleur, dans l'intention de faire voir que ces trois dépôts, dont l'âge est évidemment bien différent, ont été formés sous des circonstances analogues qui leur ont imprimé certains caractères communs, au moyen desquels on serait porté à les confondre, si l'on n'avait pas pour les distinguer les fossiles que chacun d'eux renferme, et si leur superposition relative n'avait pas été observée.

Sur les schistes calcaires oolithiques de Stones-field, près Oxford. (1825. *Annales des Sciences na-turelles.*)

La découverte d'un mammifère fossile au sein de la formation oolithique paraissant un fait important à bien constater, autant pour l'histoire naturelle de la terre que pour celle des corps organisés. l'auteur, qui a visité Stonesfield, fait voir, par la description qu'il donne de cette localité et par la discussion à laquelle il soumet l'opinion des divers géologues anglais, qu'il reste des doutes sur l'existence d'un didelphe fossile dans les terrains oolithiques.

Ce mémoire avait un but qui peut-être n'a pas été bien aperçu, surtout par les géologues anglais; il ne s'agissait pas de contester la possibilité de l'existence d'un mammifère à l'époque de la formation des terrains secondaires, mais seulement de faire voir que les observations relatives au fait indiqué n'étaient pas encore incontestables, et qu'en conséquence il fallait discuter la valeur de celui-ci d'autant plus rigoureusement, qu'il conduisait à détruire des idées acquises. En un mot voici quelle était la thèse :

Un fait extraordinaire comme celui dont il s'agissait n'était pas *impossible ;* mais de ce qu'il pouvait exister, il ne fallait pas l'admettre *légèrement* et sans avoir épuisé tous les moyens de conviction.

Malgré ce qui a été écrit depuis sur le gisement du didelphe de Stonesfield, il n'est pas encore irrévocablement démontré que le mammifère dont on a retrouvé les ossemens ait vécu avant la formation des terrains secondaires supérieurs; car on peut faire plusieurs hypothèses pour expliquer sa position actuelle, en supposant qu'il aurait vécu à une époque plus récente.

Sur la formation des terrains des environs de Paris. (1825. *Société philomatique.* Mai et juin.)

Ces deux extraits présentent le tableau succinct de plus de quinze années de recherches; ils donnent par anticipation l'énoncé d'une manière toute simple de concevoir l'alternance des terrains appelés terrains marins et des terrains d'eau douce. Il suffit en effet, pour se rendre compte de l'état géologique du sol parisien, d'analyser la série de causes et d'effets qui agissent et sont produits actuellement dans le canal de la Manche, à l'embouchure de la Seine, et de se représenter ce qui arriverait incontestablement par suite d'un abaissement de la mer de 25 brasses au-dessous de son niveau ordinaire.

Cette explication a été développée en 1827 dans une lecture faite à l'Académie des sciences.

Sur quelques effets du retrait dans les sédimens. (1826. *Société philomatique.*)

Quelques échantillons d'un calcaire compacte et très argileux des terrains supérieurs au gypse des environs de Paris offrent un grand nombre de cavités sans issue à parois presque planes, et qui semblent indiquer au premier aspect que l'espace vide a été occupé par un solide cubique qui aurait été détruit.

Ces cavités sont l'effet d'un desséchement qui a commencé par des points au milieu de la masse sédimenteuse, et la même cause a produit la division de certaines marnes en six pyramides quadrilatères; ce nouveau fait se lie à celui observé en 1809 par MM. Desmarest et C. Prevost.

A cette occasion, M. C. Prevost a entrepris un travail général et des recherches expérimentales sur les retraits constans qu'affectent certaines masses minérales, telles que les argiles, les marnes, les basaltes, les schistes, etc., croyant utile pour les théories géologiques de comparer sous ce rapport les effets du desséchement avec ceux du refroidissement.

***

Quelques faits relatifs à la formation des silex meulières. (1826. *Société philomatique.* Novembre.)

De la structure des terrains de meulière, de l'examen des blocs et de la distribution des fossiles par rapport à la configuration du sol, on doit conclure que ces pierres sont à la place où elles ont été formées, et qu'il n'est pas nécessaire, pour concevoir la production de masses siliceuses au milieu d'une pâte argileuse, de croire à l'existence d'un liquide différent de l'eau ordinaire.

***

Description et gisement d'une nouvelle espèce de gyrogonite, ou capsule de *chara* fossile, très analogue à celle du *chara vulgaris*. (*Société philomatique.* Décembre.)

***

Examen de cette question géologique : Les observations fournissent-elles la preuve que nos continens ont à plusieurs reprises été submergés par la mer ? (1827. *Académie des sciences.*)

Ce mémoire qui a été inséré dans le tome IV des *Mémoires de la Société d'histoire naturelle de Paris*, a été de beaucoup augmenté par l'addition de notes concises qui avaient pour objet de consigner une foule d'idées dont les développemens avaient fait le sujet de Cours à l'Athénée,

et qui devront entrer dans un ouvrage général sur la formation des terrains de sédiment.

Les principaux résultats de ce travail, fruit de beaucoup
d'observations et de longues méditations, sont :

1° Qu'aucun fait géologique ne tend à démontrer que les
continens actuels ont été submergés depuis leur mise à sec ;

2° Que rien ne prouve non plus que pendant la formation
des divers dépôts dont le sol de ces continens se compose, le
même point de la surface du globe, et notamment celui où
se trouvent Paris et ses environs, ait été plusieurs fois sub-
mergé et découvert ;

3° Que les dépôts d'eau douce qui alternent dans le bassin
parisien avec les dépôts marins ont été formés par des af-
fluens fluviatiles dans un golfe d'eau salée ;

4° Que les mammifères terrestres dont on trouve les dépouilles dans le plâtre ou dans les terrains supérieurs n'ont
pas été noyés par des irruptions marines, mais qu'ils ont été
entraînés dans la mer par des cours d'eau douce ;

5° Que les tiges de végétaux terrestres que l'on a trouvées
dans une position verticale dans plusieurs houillères ne
prouvent pas la submersion d'un sol continental ;

6° Que l'examen des cavernes à ossemens ne conduit pas
à faire croire, comme on l'a dit, que les animaux dont elles
renferment les dépouilles ont vécu dans ces cavernes ;

7° Que les matériaux qui composent le *diluvium* appar-
tiennent à un grand nombre d'époques; qu'ils n'ont pas été
partout confusément déposés, mais très souvent au contraire
d'une manière successive et lente, et que par conséquent il
n'y a aucune ligne physiquement tranchée à établir entre les
périodes ante et post-diluvienne ;

8° Que le tableau des corps organisés fossiles, soit végétaux soit animaux, ne peut donner une idée de la Flore et
de la Faune des époques antérieures, puisque les couches de
la terre ne renferment que les débris des êtres terrestres, qui,

par leur manière de vivre, pouvaient être facilement entraînés sous les eaux, tandis que ceux qui ne se trouvaient pas dans des circonstances favorables ont dû, quoique plus nombreux peut-être, ne laisser aucun souvenir de leur existence ;

9° Enfin que presque tous les faits géologiques connus peuvent s'expliquer par analogie en étudiant les effets des causes qui agissent encore aujourd'hui, et qu'il n'est pas nécessaire d'avoir recours à des forces extraordinaires, dont l'existence est incompatible avec les lois générales de l'univers.

En effet, l'expérience contribue à établir cette idée fondamentale pour la géologie : « *Qu'autour de nous, soit sur la* » *terre, soit sous les eaux, soit au sein et dans le voisinage* » *des volcans, il se produit des phénomènes dont les causes* » *ne diffèrent pas essentiellement de celles qui, dans des* » *temps plus ou moins éloignés, ont successivement donné* » *lieu aux divers états géologiques du globe.* » (*Bull. de la Société philomatique.* Mai 1825.)

Documens que peuvent fournir les caractères physiques et zoologiques des terrains de sédiment.

Mémoire lu à l'Académie des sciences en 1827, et qui est la seconde partie du travail ci-dessus.

Considérations sur la valeur que les géologues modernes donnent à diverses expressions fréquemment employées par eux, telles que *Epoque ancienne* et *Epoque actuelle; Epoque ante-diluvienne* et *Epoque post-diluvienne; Epoque ante-historique* et *Epoque historique ;* enfin, *Période saturnienne* et

Période jovienne. (Bull. de la Société géologique, tome Ier, page 19.)

On fait voir le danger qu'il y a pour la science d'employer des expressions dont la valeur n'est pas bien déterminée, et remarquer la confusion qui en est résultée dans le langage géologique. Après avoir démontré par le raisonnement et par les faits qu'il y a nuances graduées entre les plus anciens phénomènes et ceux dont nous sommes témoins, on arrive à cette conclusion, qu'il ne faut pas classer les effets géologiques dans deux périodes successives entre lesquelles existerait une séparation tranchée, mais que l'on peut distinguer deux ordres de ces effets : 1° ceux qui ont lieu sous l'eau pendant l'immersion du sol ; 2° ceux qui ont lieu après la mise à sec du même sol. Phénomènes d'*immersion*, et phénomènes d'*émersion*.

Les rapports de ces deux classes varient pour chaque localité ; il n'y a pas de transition entre elles ; ces deux périodes sont séparées par une révolution : l'*émersion* ; ce n'est plus une division dans le temps, c'est une distinction entre les résultats de certaines circonstances et ceux d'autres circonstances qui se sont succédé pour chacun des points de la surface terrestre d'abord *immergé* puis *émergé*.

Observations sur un mémoire de MM. Buckland et de La Bèche, sur la Géologie de la baie de Weymouth. (*Bull. de la Société géologique*, tom. Ier.)

Une couche de terre noire, des cailloux roulés et quelques troncs d'arbres silicifiés que l'on voit interposés entre les couches calcaires de Purbeck et de Portland, ont été regardés comme la preuve qu'un sol d'abord mis à sec, et sur lequel des végétaux terrestres avaient vécu, aurait été postérieurement recouvert par les eaux.

M. Constant Prevost, qui a visité Portland, ne croit pas pouvoir tirer la même induction de ces faits qu'il cherche à expliquer d'une autre manière.

Premier rapport envoyé de Malte à l'Académie des sciences, sur la descente à l'île Julia. (*Bulletin de la Société géologique.* Novembre 1831.)

La description de cet îlot volcanique, l'indication des matériaux dont il est composé, le mode de sa formation par accumulation successive de ces matériaux, la prévision qu'il ne pourra subsister, sont les principaux résultats contenus dans ce mémoire.

Aperçu sur la géologie des îles de Malte et de Gozze. (*Société géologique.* Janvier 1832.)

Ces îles sont essentiellement formées d'assises calcaires puissantes, *pélagiques* appartenant au système *quaternaire*, que recouvrent des bancs de polypiers qui ont vécu en place, etc.

Observations faites en Sicile, au cap Passaro, dans le Val de Noto, à l'Etna, à Messine et aux environs de Melazzo. (*Société géologique.* Janvier 1832.)

Résumé des observations faites sur la géologie de la Sicile. (Communication faite à l'Académie des Sciences par M. Cordier, et *Bulletin de la Société géologique.* 1832).

Dans ce mémoire, qui est accompagné d'une carte géologique et de deux coupes générales, le gisement du gypse et du soufre est rapporté à la partie inférieure des terrains tertiaires.

M. Constant Prevost a rédigé, pour le Dictionnaire des Sciences naturelles, les articles *mer* et *océan*.

Collaborateur du Dictionnaire classique pour lequel il a fait les articles de géologie, on peut citer, comme n'étant pas de simples compilations, les mots *calcaire*, *marne*, *grès*, *houille* et *terrains*; dans ce dernier article, après avoir fait voir comment les mots *terrain*, *formation* et *dépôt* ont été diversement employés par les géologues, il propose de donner, à l'avenir, à chacun de ces mêmes mots, une valeur fixe d'après les considérations suivantes : Que les matériaux, dont se compose l'écorce terrestre :

1° Ne sont pas de même nature ;   *Dépôts.*
2° Ils n'ont pas été formés de la même manière ; *Formation.*
3° Ils n'ont pas été formés dans le même temps ; *Terrrains.*

Opinion exprimée par M. Cuvier sur les travaux de M. *Constant Prevost.* (Extrait de l'analyse des travaux de l'Académie royale des Sciences, pour l'année 1827.)

« Beaucoup de géologistes se croient autorisés à pen-
» ser que la mer a envahi à plusieurs reprises la surface
» d'une partie de nos continens, et qu'il y a eu entre ses
» invasions des intervalles pendant lesquels cette surface
» était à découvert, et nourrissait des végétaux et des
» animaux terrestres. Ils fondent cette opinion sur les
» alternatives de couches remplies de productions de la

» mer, avec d'autres qui ne paraissent contenir que des
» productions terrestres.

» M. Constant Prevost n'a pas jugé cette manière de
» voir conforme aux faits qu'il a observés; et, dans un
» Mémoire présenté à l'Académie, il s'attache à prouver
» qu'entre les divers terrains de transport et de sédiment
» il n'existe aucune couche que l'on puisse regarder
» comme ayant formé une surface continentale, et ayant
» été couverte pendant long-temps de productions ter-
» restres. Il en a vainement cherché des traces au con-
» tact des terrains marins et des terrains d'eau douce; il
» rappelle que les fleuves portent à de grandes distances
» des débris organiques de toute espèce, et que les eaux
» de la mer, accidentellement soulevées de leur bassin,
» font quelquefois irruption sur des terrains bas, dans des
» marais et des lagunes, dont le fond a dû être rempli au-
» paravant de dépôts renfermant des débris de produc-
» tions de la terre et de l'eau douce; il fait sentir enfin
» que, par diverses causes, le détroit de la Manche doit
» avoir sur son fond des alternations de couches fort
» analogues à celles qui constituent la partie inférieure
» de beaucoup de terrains tertiaires, et que, si le niveau
» en baissait de vingt-cinq brasses, il se changerait en un
» vaste lac, où il se formerait des dépôts très semblables
» à ceux qui composent la partie supérieure des mêmes
» terrains.

» Il essaie de faire une application de cette théorie à
» nos couches des environs de Paris, et après en avoir
» représenté la position relative au moyen de deux cou-
» pes transversales où l'on prend une idée assez nette des
» alternats, des mélanges et des enchevêtremens des di-

» vers dépôts, il tâche d'établir que les couches marines
» de la craie, du calcaire grossier, des marnes et des grès
» supérieurs, ont pu être formées dans le même bassin
» et sous les mêmes eaux que l'argile plastique, le calcaire
» siliceux, et le gypse lui-même, qui ne renferment es-
» sentiellement que des débris d'animaux et de végétaux
» terrestres et fluviatiles.

A une première époque, selon M. Prevost, une mer
» profonde et paisible a déposé les deux variétés de craie,
» qui constituent le fond et les bords du vaste bassin dont
» il s'agit.

» A une seconde époque, ce bassin, par l'abaissement
» progressif de l'Océan, est devenu un golfe où les af-
» fluens des rivières ont formé des brèches crayeuses et
» des argiles plastiques, bientôt recouvertes par les dé-
» pouilles marines du premier calcaire grossier.

» Il est arrivé une troisième époque où ces dépôts ont
» été interrompus par une commotion qui en a brisé et
» déplacé les couches : le bassin est devenu un lac salé
» traversé par des cours d'eau volumineux, venant alter-
» nativement de la mer et des continens, et qui ont pro-
» duit les mélanges et les enchevêtremens du calcaire
» grossier, du calcaire siliceux et du gypse.

» Une quatrième époque a amené dans ce lac l'irruption
» d'une grande quantité d'eau douce, chargée d'argiles et
» de marnes, au milieu desquelles se formaient encore
» quelques dépôts de coquilles marines; le bassin n'a plus
» été qu'un immense étang saumâtre.

» A une cinquième époque, il a cessé de communiquer
» avec l'Océan; le niveau de ses eaux a baissé au-dessous
» de celui des eaux de la mer; il a continué de recevoir

» les dépôts des eaux continentales et de leurs produc-
» tions.

» A une sixième époque, les eaux de la mer ont rompu
» leurs digues, et ont rempli l'étang où elles ont formé les
» grès marins supérieurs ; le bassin, presque comblé, n'a
» pu recevoir alors que des eaux douces peu profondes ;
» enfin la succession de toutes ces opérations s'est ter-
» minée par le grand cataclysme diluvien.

» Le grand problème de la géologie est tellement in-
» déterminé, qu'il offrira pendant long-temps de l'exer-
» cice aux combinaisons de l'esprit : heureux du moins
» lorsque ceux qui se livrent à ce genre de spéculation
» ont soin, comme M. Prevost, de chercher dans les
» faits des appuis à leurs conjectures. Ils enrichissent vé-
» ritablement la science, pour peu qu'un rapport nou-
» veau, une superposition inaperçue, des débris jusque-
» là inconnus, s'offrent à leurs regards, et c'est seulement
» lorsque le trésor qu'ils concourent à agrandir aura été
» complété, que l'on sera en état de rendre justice à leur
» sagacité, et d'assigner le degré de justesse avec lequel
» chacun d'eux avait conçu ses hypothèses. »

DE L'IMPRIMERIE DE LACHEVARDIERE,
RUE DU COLOMBIER, N° 30.